Compiled by Azwer Alam

With an intention to help carve the future of our children

This book is dedicated to my children,

Asra, Bushra, Shams and Hammad

I love you all more than anything else.

Ford and Lord International Pty Ltd
A quality publishing company

Encourage your child to use calculator to check answers

Ford and Lord International Pty Ltd
A quality publishing company

© Ford and Lord International Pty Ltd
www.fordandlord.com

Column Additions

1	2	3	2	2	2	3
1	2	1	1	1	2	1
+ 2	+ 1	+ 1	+ 1	+ 3	+ 1	+ 1

2	3	2	1	2	2	2
1	2	1	1	1	2	2
+ 3	+ 1	+ 2	+ 3	+ 3	+ 1	+ 2

1	3	2	2	2	1	1
1	2	1	1	1	2	1
+ 2	+ 1	+ 2	+ 2	+ 2	+ 1	+ 1

2	2	2	1	2	3	3
1	2	1	1	1	2	2
+ 2	+ 1	+ 3	+ 2	+ 3	+ 1	+ 1

1	2	3	2	2	2	3
1	2	1	1	1	2	1
+ 2	+ 1	+ 1	+ 1	+ 3	+ 1	+ 1

2	3	2	1	2	2	2
1	2	1	1	1	2	2
+ 3	+ 1	+ 2	+ 3	+ 3	+ 1	+ 2

3	3	3	2	2	1	1
1	2	1	1	1	2	1
+ 2	+ 2	+ 2	+ 2	+ 2	+ 1	+ 1

Column Additions

```
   2        2        3        2        2        1        4
   1        2        1        1        1        2        1
+  2     +  2     +  2     +  2     +  3     +  1     +  1
_____   _____   _____   _____   _____   _____   _____


   2        3        4        2        2        2        2
   1        2        1        1        1        3        2
+  2     +  2     +  2     +  3     +  2     +  1     +  3
_____   _____   _____   _____   _____   _____   _____


   1        1        3        3        3        1        3
   1        2        1        1        1        2        2
+  2     +  3     +  3     +  2     +  3     +  3     +  1
_____   _____   _____   _____   _____   _____   _____


   2        3        2        2        2        3        1
   1        2        2        1        1        2        2
+  3     +  2     +  3     +  3     +  2     +  2     +  1
_____   _____   _____   _____   _____   _____   _____


   2        2        3        2        3        4        3
   1        2        2        3        1        1        1
+  2     +  3     +  1     +  1     +  1     +  1     +  2
_____   _____   _____   _____   _____   _____   _____


   2        4        2        2        2        1        2
   1        2        4        2        1        2        2
+  3     +  1     +  2     +  2     +  2     +  2     +  1
_____   _____   _____   _____   _____   _____   _____


   3        4        3        2        2        1        1
   2        2        2        1        3        2        2
+  2     +  1     +  1     +  1     +  2     +  3     +  2
_____   _____   _____   _____   _____   _____   _____
```

Column Additions

4	3	3	2	2	2	3
1	2	1	2	3	2	2
+ 2	+ 1	+ 1	+ 2	+ 1	+ 3	+ 1

2	4	2	4	2	2	4
2	1	0	1	2	2	2
+ 1	+ 1	+ 0	+ 0	+ 1	+ 0	+ 1

3	3	4	2	3	2	3
1	2	1	4	1	2	2
+ 0	+ 2	+ 1	+ 0	+ 1	+ 1	+ 1

2	3	2	3	2	3	4
1	2	1	1	1	2	0
+ 0	+ 1	+ 0	+ 2	+ 2	+ 1	+ 1

2	1	1	1	3	3	3
1	1	1	1	2	0	2
+ 3	+ 4	+ 3	+ 2	+ 0	+ 3	+ 1

2	3	3	4	4	1	2
1	2	1	1	2	1	2
+ 3	+ 1	+ 1	+ 2	+ 1	+ 1	+ 2

2	2	2	2	4	1	4
3	2	1	0	1	2	1
+ 1	+ 1	+ 2	+ 3	+ 1	+ 3	+ 1

Column Additions

2	1	3	2	2	2	3
1	2	1	1	1	2	1
+ 2	+ 1	+ 2	+ 2	+ 2	+ 2	+ 2

2	3	2	1	2	2	2
1	2	1	1	1	2	2
+ 3	+ 1	+ 2	+ 3	+ 3	+ 4	+ 3

3	3	3	2	3	1	3
1	2	1	3	1	2	1
+ 2	+ 1	+ 2	+ 2	+ 2	+ 3	+ 2

4	2	2	4	1	3	4
1	3	1	1	1	2	2
+ 1	+ 1	+ 4	+ 2	+ 4	+ 2	+ 1

2	1	1	1	2	3	3
1	1	1	1	2	3	1
+ 3	+ 4	+ 3	+ 2	+ 3	+ 3	+ 2

4	3	4	4	2	2	2
1	2	1	1	2	2	2
+ 3	+ 2	+ 1	+ 2	+ 3	+ 1	+ 1

3	1	1	2	3	1	2
3	2	1	1	1	2	1
+ 1	+ 1	+ 4	+ 2	+ 2	+ 2	+ 1

4

Column Additions

2	3	3	2	2	2	3
1	2	1	2	3	2	2
+ 3	+ 1	+ 1	+ 2	+ 1	+ 3	+ 1

2	4	2	4	2	2	4
2	1	0	1	2	2	2
+ 1	+ 1	+ 0	+ 0	+ 1	+ 0	+ 1

3	3	4	2	3	2	3
1	2	1	4	1	2	2
+ 0	+ 2	+ 1	+ 0	+ 1	+ 1	+ 1

2	3	2	3	2	3	4
1	2	1	1	1	2	0
+ 0	+ 1	+ 0	+ 2	+ 2	+ 1	+ 1

2	1	1	1	3	3	3
1	1	1	1	2	0	2
+ 3	+ 4	+ 3	+ 2	+ 0	+ 3	+ 1

2	3	3	4	4	1	2
1	2	1	1	2	1	2
+ 3	+ 1	+ 1	+ 2	+ 1	+ 1	+ 2

2	2	2	2	4	1	4
3	2	1	0	1	2	1
+ 1	+ 1	+ 2	+ 3	+ 1	+ 3	+ 1

Column Additions

5	3	3	3	2	1	4
1	2	1	2	3	2	2
+ 2	+ 1	+ 3	+ 2	+ 4	+ 3	+ 1

5	4	3	5	4	5	4
2	1	2	1	0	2	2
+ 2	+ 3	+ 2	+ 0	+ 3	+ 0	+ 2

3	5	5	2	3	2	3
1	2	3	5	1	2	2
+ 3	+ 1	+ 0	+ 0	+ 4	+ 5	+ 3

2	5	2	3	3	4	4
1	2	1	3	2	2	1
+ 4	+ 1	+ 5	+ 2	+ 2	+ 2	+ 2

2	4	2	2	4	3	4
3	1	1	1	2	2	2
+ 3	+ 4	+ 3	+ 2	+ 1	+ 3	+ 2

3	4	2	5	6	1	3
2	3	1	1	2	0	2
+ 4	+ 2	+ 4	+ 2	+ 1	+ 5	+ 4

2	5	4	4	6	5	4
3	1	3	1	1	2	1
+ 4	+ 3	+ 2	+ 3	+ 2	+ 3	+ 3

Subtractions

5	6	9	7	8	8	9
− 5	− 3	− 5	− 3	− 4	− 5	− 3

9	7	6	5	8	9	4
− 2	− 3	− 4	− 2	− 4	− 5	− 1

5	6	9	9	5	7	6
− 4	− 0	− 4	− 3	− 4	− 5	− 3

6	7	9	9	5	9	7
− 4	− 5	− 2	− 4	− 4	− 7	− 3

9	7	9	7	5	8	9
− 6	− 1	− 8	− 6	− 2	− 5	− 3

9	6	9	9	7	9	8
− 4	− 2	− 5	− 2	− 4	− 1	− 3

Subtractions

7 − 5	9 − 3	9 − 5	7 − 1	8 − 3	4 − 3	8 − 7
9 − 5	7 − 4	2 − 1	5 − 3	8 − 2	9 − 8	4 − 2
4 − 3	6 − 2	9 − 5	7 − 2	5 − 2	7 − 1	6 − 1
4 − 4	7 − 2	8 − 5	9 − 7	7 − 4	8 − 7	7 − 3
8 − 6	7 − 6	9 − 7	7 − 2	5 − 1	9 − 3	6 − 3
9 − 5	6 − 5	9 − 3	8 − 2	7 − 2	9 − 2	8 − 0

Subtractions

5 − 5	6 − 3	9 − 5	7 − 3	8 − 4	8 − 5	9 − 3
9 − 2	7 − 3	6 − 4	5 − 2	8 − 4	9 − 5	4 − 1
5 − 4	6 − 0	9 − 4	9 − 3	5 − 4	7 − 5	6 − 3
6 − 4	7 − 5	9 − 2	9 − 4	5 − 4	9 − 7	7 − 3
9 − 6	7 − 1	9 − 8	7 − 6	5 − 2	8 − 5	9 − 3
9 − 4	6 − 2	9 − 5	9 − 2	7 − 4	9 − 1	8 − 3

Subtractions

9	7	9	7	5	8	9
− 6	− 1	− 8	− 6	− 2	− 5	− 3

6	8	4	7	9	6	2
− 2	− 3	− 4	− 2	− 4	− 5	− 1

5	6	9	7	8	8	9
− 5	− 3	− 5	− 3	− 4	− 5	− 3

7	7	8	5	7	7	8
− 4	− 3	− 2	− 4	− 3	− 2	− 3

9	3	7	8	9	8	7
− 4	− 1	− 6	− 2	− 2	− 4	− 3

8	7	5	9	5	9	9
− 3	− 2	− 4	− 4	− 4	− 3	− 2

Subtractions

10 − 6	9 − 1	11 − 8	9 − 6	10 − 2	10 − 5	9 − 5
10 − 3	7 − 3	10 − 4	9 − 2	9 − 2	12 − 1	11 − 1
10 − 0	10 − 5	9 − 8	7 − 6	8 − 3	9 − 5	10 − 3
7 − 1	9 − 3	10 − 2	10 − 8	7 − 3	6 − 5	8 − 2
10 − 4	10 − 7	7 − 2	9 − 3	9 − 6	8 − 7	7 − 6
10 − 3	5 − 3	6 − 5	9 − 1	10 − 8	10 − 3	9 − 7

Know Your 2 Times Table

2 × 1 = 2	2 × 12 = 24	2 × 12 = 24
2 × 2 = 4	2 × 11 = 22	2 × 4 = 8
2 × 3 = 6	2 × 10 = 20	2 × 10 = 20
2 × 4 = 8	2 × 9 = 18	2 × 6 = 12
2 × 5 = 10	2 × 8 = 16	2 × 8 = 16
2 × 6 = 12	2 × 7 = 14	2 × 7 = 14
2 × 7 = 14	2 × 6 = 12	2 × 1 = 2
2 × 8 = 16	2 × 5 = 10	2 × 9 = 18
2 × 9 = 18	2 × 4 = 8	2 × 3 = 6
2 × 10 = 20	2 × 3 = 6	2 × 2 = 4
2 × 11 = 22	2 × 2 = 4	2 × 5 = 10
2 × 12 = 24	2 × 1 = 2	2 × 11 = 22

3	10	5	7	12	9	4	6	11
× 2	× 2	× 2	× 2	× 2	× 2	× 2	× 2	× 2

8	12	3	2	5	11	7	10	9
× 2	× 2	× 2	× 2	× 2	× 2	× 2	× 2	× 2

6	4	12	5	9	7	10	4	3
× 2	× 2	× 2	× 2	× 2	× 2	× 2	× 2	× 2

Know Your 2 Times Table

2 × 1 =	2 × 12 =	2 × 12 =
2 × 2 =	2 × 11 =	2 × 4 =
2 × 3 =	2 × 10 =	2 × 10 =
2 × 4 =	2 × 9 =	2 × 6 =
2 × 5 =	2 × 8 =	2 × 8 =
2 × 6 =	2 × 7 =	2 × 7 =
2 × 7 =	2 × 6 =	2 × 1 =
2 × 8 =	2 × 5 =	2 × 9 =
2 × 9 =	2 × 4 =	2 × 3 =
2 × 10 =	2 × 3 =	2 × 2 =
2 × 11 =	2 × 2 =	2 × 5 =
2 × 12 =	2 × 1 =	2 × 11 =

3 × 2	10 × 2	5 × 2	7 × 2	12 × 2	9 × 2	4 × 2	6 × 2	11 × 2
8 × 2	12 × 2	3 × 2	2 × 2	5 × 2	11 × 2	7 × 2	10 × 2	9 × 2
6 × 2	4 × 2	12 × 2	5 × 2	9 × 2	7 × 2	10 × 2	4 × 2	3 × 2

Know Your 2 Times Table

2 × 1 =	2 × 12 =	2 × 12 =
2 × 2 =	2 × 11 =	2 × 4 =
2 × 3 =	2 × 10 =	2 × 10 =
2 × 4 =	2 × 9 =	2 × 6 =
2 × 5 =	2 × 8 =	2 × 8 =
2 × 6 =	2 × 7 =	2 × 7 =
2 × 7 =	2 × 6 =	2 × 1 =
2 × 8 =	2 × 5 =	2 × 9 =
2 × 9 =	2 × 4 =	2 × 3 =
2 × 10 =	2 × 3 =	2 × 2 =
2 × 11 =	2 × 2 =	2 × 5 =
2 × 12 =	2 × 1 =	2 × 11 =

3	10	5	7	12	9	4	6	11
× 2	× 2	× 2	× 2	× 2	× 2	× 2	× 2	× 2

8	12	3	2	5	11	7	10	9
× 2	× 2	× 2	× 2	× 2	× 2	× 2	× 2	× 2

6	4	12	5	9	7	10	4	3
× 2	× 2	× 2	× 2	× 2	× 2	× 2	× 2	× 2

Know Your 2 Times Table

1 × 2 =		12 × 2 =		12 × 2 =	
2 × 2 =		11 × 2 =		4 × 2 =	
3 × 2 =		10 × 2 =		10 × 2 =	
4 × 2 =		9 × 2 =		6 × 2 =	
5 × 2 =		8 × 2 =		8 × 2 =	
6 × 2 =		7 × 2 =		7 × 2 =	
7 × 2 =		6 × 2 =		1 × 2 =	
8 × 2 =		5 × 2 =		9 × 2 =	
9 × 2 =		4 × 2 =		3 × 2 =	
10 × 2 =		3 × 2 =		2 × 2 =	
11 × 2 =		2 × 2 =		5 × 2 =	
12 × 2 =		1 × 2 =		11 × 2 =	

```
   3      10       5       7      12       9       4       6      11
 × 2    × 2     × 2     × 2     × 2     × 2     × 2     × 2     × 2
----   ----    ----    ----    ----    ----    ----    ----    ----

   8      12       3       2       5      11       7      10       9
 × 2    × 2     × 2     × 2     × 2     × 2     × 2     × 2     × 2
----   ----    ----    ----    ----    ----    ----    ----    ----

   6       4      12       5       9       7      10       4       3
 × 2    × 2     × 2     × 2     × 2     × 2     × 2     × 2     × 2
----   ----    ----    ----    ----    ----    ----    ----    ----
```

1 Digit by 1 Digit Multiplication
Multiply by 2

3 × 2	2 × 2	6 × 2	5 × 2	4 × 2	8 × 2	5 × 2
6 × 2	7 × 2	9 × 2	4 × 2	3 × 2	9 × 2	2 × 2
9 × 2	4 × 2	6 × 2	5 × 2	4 × 2	3 × 2	5 × 2
6 × 2	3 × 2	9 × 2	4 × 2	3 × 2	7 × 2	1 × 2
2 × 2	5 × 2	8 × 2	3 × 2	2 × 2	6 × 2	9 × 2
6 × 2	3 × 2	9 × 2	6 × 2	7 × 2	9 × 2	8 × 2
5 × 2	7 × 2	8 × 2	9 × 2	4 × 2	6 × 2	3 × 2
4 × 2	8 × 2	5 × 2	6 × 2	3 × 2	9 × 2	4 × 2

1 Digit by 1 Digit Multiplication
Multiply by 2

$$
\begin{array}{ccccccc}
4 & 8 & 5 & 6 & 3 & 9 & 4 \\
\times\ 2 & \times\ 2 & \times\ 2 & \times\ 2 & \times\ 2 & \times\ 2 & \times\ 2
\end{array}
$$

$$
\begin{array}{ccccccc}
5 & 7 & 8 & 9 & 4 & 6 & 3 \\
\times\ 2 & \times\ 2 & \times\ 2 & \times\ 2 & \times\ 2 & \times\ 2 & \times\ 2
\end{array}
$$

$$
\begin{array}{ccccccc}
6 & 3 & 9 & 6 & 7 & 9 & 8 \\
\times\ 2 & \times\ 2 & \times\ 2 & \times\ 2 & \times\ 2 & \times\ 2 & \times\ 2
\end{array}
$$

$$
\begin{array}{ccccccc}
2 & 5 & 8 & 3 & 2 & 6 & 9 \\
\times\ 2 & \times\ 2 & \times\ 2 & \times\ 2 & \times\ 2 & \times\ 2 & \times\ 2
\end{array}
$$

$$
\begin{array}{ccccccc}
6 & 3 & 9 & 4 & 3 & 7 & 1 \\
\times\ 2 & \times\ 2 & \times\ 2 & \times\ 2 & \times\ 2 & \times\ 2 & \times\ 2
\end{array}
$$

$$
\begin{array}{ccccccc}
9 & 4 & 6 & 5 & 4 & 3 & 5 \\
\times\ 2 & \times\ 2 & \times\ 2 & \times\ 2 & \times\ 2 & \times\ 2 & \times\ 2
\end{array}
$$

$$
\begin{array}{ccccccc}
6 & 7 & 9 & 4 & 3 & 9 & 2 \\
\times\ 2 & \times\ 2 & \times\ 2 & \times\ 2 & \times\ 2 & \times\ 2 & \times\ 2
\end{array}
$$

$$
\begin{array}{ccccccc}
3 & 2 & 6 & 5 & 4 & 8 & 5 \\
\times\ 2 & \times\ 2 & \times\ 2 & \times\ 2 & \times\ 2 & \times\ 2 & \times\ 2
\end{array}
$$

1 Digit by 1 Digit Multiplication
Multiply by 2

8 × 2	5 × 2	6 × 2	5 × 2	4 × 2	3 × 2	2 × 2
9 × 2	2 × 2	9 × 2	4 × 2	3 × 2	6 × 2	7 × 2
3 × 2	5 × 2	6 × 2	5 × 2	4 × 2	9 × 2	4 × 2
7 × 2	1 × 2	9 × 2	4 × 2	3 × 2	6 × 2	3 × 2
6 × 2	9 × 2	8 × 2	3 × 2	2 × 2	2 × 2	5 × 2
9 × 2	8 × 2	9 × 2	6 × 2	7 × 2	6 × 2	3 × 2
6 × 2	3 × 2	8 × 2	9 × 2	4 × 2	5 × 2	7 × 2
9 × 2	4 × 2	5 × 2	6 × 2	3 × 2	4 × 2	8 × 2

1 Digit by 1 Digit Multiplication
Multiply by 2

2 × 2	4 × 2	6 × 2	8 × 2	3 × 2	5 × 2	7 × 2
9 × 2	2 × 2	4 × 2	6 × 2	8 × 2	1 × 2	3 × 2
5 × 2	7 × 2	9 × 2	2 × 2	4 × 2	9 × 2	5 × 2
7 × 2	3 × 2	6 × 2	9 × 2	4 × 2	8 × 2	3 × 2
1 × 2	4 × 2	8 × 2	2 × 2	3 × 2	5 × 2	7 × 2
9 × 2	8 × 2	9 × 2	6 × 2	7 × 2	6 × 2	3 × 2
6 × 2	3 × 2	8 × 2	9 × 2	4 × 2	5 × 2	7 × 2
9 × 2	4 × 2	5 × 2	6 × 2	3 × 2	4 × 2	8 × 2

Know Your 2 Times Table

Fill in the Empty Boxes

$2 \times \boxed{} = 2$	$2 \times \boxed{} = 24$	$2 \times \boxed{} = 24$
$2 \times \boxed{} = 4$	$2 \times \boxed{} = 22$	$2 \times \boxed{} = 8$
$2 \times \boxed{} = 6$	$2 \times \boxed{} = 20$	$2 \times \boxed{} = 20$
$2 \times \boxed{} = 8$	$2 \times \boxed{} = 18$	$2 \times \boxed{} = 12$
$2 \times \boxed{} = 10$	$2 \times \boxed{} = 16$	$2 \times \boxed{} = 16$
$2 \times \boxed{} = 12$	$2 \times \boxed{} = 14$	$2 \times \boxed{} = 14$
$2 \times \boxed{} = 14$	$2 \times \boxed{} = 12$	$2 \times \boxed{} = 2$
$2 \times \boxed{} = 16$	$2 \times \boxed{} = 10$	$2 \times \boxed{} = 18$
$2 \times \boxed{} = 18$	$2 \times \boxed{} = 8$	$2 \times \boxed{} = 6$
$2 \times \boxed{} = 20$	$2 \times \boxed{} = 6$	$2 \times \boxed{} = 4$
$2 \times \boxed{} = 22$	$2 \times \boxed{} = 4$	$2 \times \boxed{} = 10$
$2 \times \boxed{} = 24$	$2 \times \boxed{} = 2$	$2 \times \boxed{} = 22$

$\begin{array}{r} 3 \\ \times\ 2 \\ \hline \end{array}$	$\begin{array}{r} 10 \\ \times\ 2 \\ \hline \end{array}$	$\begin{array}{r} 5 \\ \times\ 2 \\ \hline \end{array}$	$\begin{array}{r} 7 \\ \times\ 2 \\ \hline \end{array}$	$\begin{array}{r} 12 \\ \times\ 2 \\ \hline \end{array}$	$\begin{array}{r} 9 \\ \times\ 2 \\ \hline \end{array}$	$\begin{array}{r} 4 \\ \times\ 2 \\ \hline \end{array}$	$\begin{array}{r} 6 \\ \times\ 2 \\ \hline \end{array}$	$\begin{array}{r} 11 \\ \times\ 2 \\ \hline \end{array}$
$\begin{array}{r} 8 \\ \times\ 2 \\ \hline \end{array}$	$\begin{array}{r} 12 \\ \times\ 2 \\ \hline \end{array}$	$\begin{array}{r} 3 \\ \times\ 2 \\ \hline \end{array}$	$\begin{array}{r} 2 \\ \times\ 2 \\ \hline \end{array}$	$\begin{array}{r} 5 \\ \times\ 2 \\ \hline \end{array}$	$\begin{array}{r} 11 \\ \times\ 2 \\ \hline \end{array}$	$\begin{array}{r} 7 \\ \times\ 2 \\ \hline \end{array}$	$\begin{array}{r} 10 \\ \times\ 2 \\ \hline \end{array}$	$\begin{array}{r} 9 \\ \times\ 2 \\ \hline \end{array}$
$\begin{array}{r} 6 \\ \times\ 2 \\ \hline \end{array}$	$\begin{array}{r} 4 \\ \times\ 2 \\ \hline \end{array}$	$\begin{array}{r} 12 \\ \times\ 2 \\ \hline \end{array}$	$\begin{array}{r} 5 \\ \times\ 2 \\ \hline \end{array}$	$\begin{array}{r} 9 \\ \times\ 2 \\ \hline \end{array}$	$\begin{array}{r} 7 \\ \times\ 2 \\ \hline \end{array}$	$\begin{array}{r} 10 \\ \times\ 2 \\ \hline \end{array}$	$\begin{array}{r} 4 \\ \times\ 2 \\ \hline \end{array}$	$\begin{array}{r} 3 \\ \times\ 2 \\ \hline \end{array}$

20

Know Your 2 Times Table

Fill in the Empty Boxes

2 × ☐ = 2   2 × ☐ = 24   2 × ☐ = 24

2 × ☐ = 4   2 × ☐ = 22   2 × ☐ = 8

2 × ☐ = 6   2 × ☐ = 20   2 × ☐ = 20

2 × ☐ = 8   2 × ☐ = 18   2 × ☐ = 12

2 × ☐ = 10   2 × ☐ = 16   2 × ☐ = 16

2 × ☐ = 12   2 × ☐ = 14   2 × ☐ = 14

2 × ☐ = 14   2 × ☐ = 12   2 × ☐ = 2

2 × ☐ = 16   2 × ☐ = 10   2 × ☐ = 18

2 × ☐ = 18   2 × ☐ = 8   2 × ☐ = 6

2 × ☐ = 20   2 × ☐ = 6   2 × ☐ = 4

2 × ☐ = 22   2 × ☐ = 4   2 × ☐ = 10

2 × ☐ = 24   2 × ☐ = 2   2 × ☐ = 22

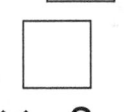 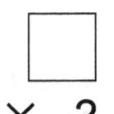 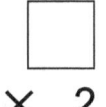 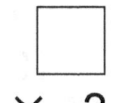

☐	☐	☐	☐	☐	☐	☐	☐	☐
× 2	× 2	× 2	× 2	× 2	× 2	× 2	× 2	× 2
6	20	10	14	24	18	8	12	22
☐	☐	☐	☐	☐	☐	☐	☐	☐
× 2	× 2	× 2	× 2	× 2	× 2	× 2	× 2	× 2
16	24	6	4	10	22	14	20	18
☐	☐	☐	☐	☐	☐	☐	☐	☐
× 2	× 2	× 2	× 2	× 2	× 2	× 2	× 2	× 2
12	8	24	10	18	14	20	8	6

www.fordandlord.com

Know Your 3 Times Table

3 × 1 = 3	3 × 12 = 36	3 × 12 = 36
3 × 2 = 6	3 × 11 = 33	3 × 4 = 12
3 × 3 = 9	3 × 10 = 30	3 × 10 = 30
3 × 4 = 12	3 × 9 = 27	3 × 6 = 18
3 × 5 = 15	3 × 8 = 24	3 × 8 = 24
3 × 6 = 18	3 × 7 = 21	3 × 7 = 21
3 × 7 = 21	3 × 6 = 18	3 × 1 = 3
3 × 8 = 24	3 × 5 = 15	3 × 9 = 27
3 × 9 = 27	3 × 4 = 12	3 × 3 = 9
3 × 10 = 30	3 × 3 = 9	3 × 2 = 6
3 × 11 = 33	3 × 2 = 6	3 × 5 = 15
3 × 12 = 36	3 × 1 = 3	3 × 11 = 33

```
   3     10      5      7     12      9      4      6     11
 × 3    × 3    × 3    × 3    × 3    × 3    × 3    × 3    × 3
____   ____   ____   ____   ____   ____   ____   ____   ____

   8     12      3      2      5     11      7     10      9
 × 3    × 3    × 3    × 3    × 3    × 3    × 3    × 3    × 3
____   ____   ____   ____   ____   ____   ____   ____   ____

   6      4     12      5      9      7     10      4      3
 × 3    × 3    × 3    × 3    × 3    × 3    × 3    × 3    × 3
____   ____   ____   ____   ____   ____   ____   ____   ____
```

Know Your 3 Times Table

3 × 1 =	3 × 12 =	3 × 12 =
3 × 2 =	3 × 11 =	3 × 4 =
3 × 3 =	3 × 10 =	3 × 10 =
3 × 4 =	3 × 9 =	3 × 6 =
3 × 5 =	3 × 8 =	3 × 8 =
3 × 6 =	3 × 7 =	3 × 7 =
3 × 7 =	3 × 6 =	3 × 1 =
3 × 8 =	3 × 5 =	3 × 9 =
3 × 9 =	3 × 4 =	3 × 3 =
3 × 10 =	3 × 3 =	3 × 2 =
3 × 11 =	3 × 2 =	3 × 5 =
3 × 12 =	3 × 1 =	3 × 11 =

3	10	5	7	12	9	4	6	11
× 3	× 3	× 3	× 3	× 3	× 3	× 3	× 3	× 3

8	12	3	2	5	11	7	10	9
× 3	× 3	× 3	× 3	× 3	× 3	× 3	× 3	× 3

6	4	12	5	9	7	10	4	3
× 3	× 3	× 3	× 3	× 3	× 3	× 3	× 3	× 3

Know Your 3 Times Table

3 × 1 =	3 × 12 =	3 × 12 =
3 × 2 =	3 × 11 =	3 × 4 =
3 × 3 =	3 × 10 =	3 × 10 =
3 × 4 =	3 × 9 =	3 × 6 =
3 × 5 =	3 × 8 =	3 × 8 =
3 × 6 =	3 × 7 =	3 × 7 =
3 × 7 =	3 × 6 =	3 × 1 =
3 × 8 =	3 × 5 =	3 × 9 =
3 × 9 =	3 × 4 =	3 × 3 =
3 × 10 =	3 × 3 =	3 × 2 =
3 × 11 =	3 × 2 =	3 × 5 =
3 × 12 =	3 × 1 =	3 × 11 =

3	10	5	7	12	9	4	6	11
× 3	× 3	× 3	× 3	× 3	× 3	× 3	× 3	× 3

8	12	3	2	5	11	7	10	9
× 3	× 3	× 3	× 3	× 3	× 3	× 3	× 3	× 3

6	4	12	5	9	7	10	4	3
× 3	× 3	× 3	× 3	× 3	× 3	× 3	× 3	× 3

Know Your 3 Times Table

1 × 3 =	12 × 3 =	12 × 3 =
2 × 3 =	11 × 3 =	4 × 3 =
3 × 3 =	10 × 3 =	10 × 3 =
4 × 3 =	9 × 3 =	6 × 3 =
5 × 3 =	8 × 3 =	8 × 3 =
6 × 3 =	7 × 3 =	7 × 3 =
7 × 3 =	6 × 3 =	1 × 3 =
8 × 3 =	5 × 3 =	9 × 3 =
9 × 3 =	4 × 3 =	3 × 3 =
10 × 3 =	3 × 3 =	2 × 3 =
11 × 3 =	2 × 3 =	5 × 3 =
12 × 3 =	1 × 3 =	11 × 3 =

```
   3      10       5       7      12       9       4       6      11
 × 3     × 3     × 3     × 3     × 3     × 3     × 3     × 3     × 3
____    ____    ____    ____    ____    ____    ____    ____    ____

   8      12       3       2       5      11       7      10       9
 × 3     × 3     × 3     × 3     × 3     × 3     × 3     × 3     × 3
____    ____    ____    ____    ____    ____    ____    ____    ____

   6       4      12       5       9       7      10       4       3
 × 3     × 3     × 3     × 3     × 3     × 3     × 3     × 3     × 3
____    ____    ____    ____    ____    ____    ____    ____    ____
```

1 Digit by 1 Digit Multiplication
Multiply by 3

3 × 3	2 × 3	6 × 3	5 × 3	4 × 3	8 × 3	5 × 3
6 × 3	7 × 3	9 × 3	4 × 3	3 × 3	9 × 3	2 × 3
9 × 3	4 × 3	6 × 3	5 × 3	4 × 3	3 × 3	5 × 3
6 × 3	3 × 3	9 × 3	4 × 3	3 × 3	7 × 3	1 × 3
2 × 3	5 × 3	8 × 3	3 × 3	2 × 3	6 × 3	9 × 3
6 × 3	3 × 3	9 × 3	6 × 3	7 × 3	9 × 3	8 × 3
5 × 3	7 × 3	8 × 3	9 × 3	4 × 3	6 × 3	3 × 3
4 × 3	8 × 3	5 × 3	6 × 3	3 × 3	9 × 3	4 × 3

1 Digit by 1 Digit Multiplication
Multiply by 3

4 × 3	8 × 3	5 × 3	6 × 3	3 × 3	9 × 3	4 × 3
5 × 3	7 × 3	8 × 3	9 × 3	4 × 3	6 × 3	3 × 3
6 × 3	3 × 3	9 × 3	6 × 3	7 × 3	9 × 3	8 × 3
2 × 3	5 × 3	8 × 3	3 × 3	2 × 3	6 × 3	9 × 3
6 × 3	3 × 3	9 × 3	4 × 3	3 × 3	7 × 3	1 × 3
9 × 3	4 × 3	6 × 3	5 × 3	4 × 3	3 × 3	5 × 3
6 × 3	7 × 3	9 × 3	4 × 3	3 × 3	9 × 3	2 × 3
3 × 3	2 × 3	6 × 3	5 × 3	4 × 3	8 × 3	5 × 3

1 Digit by 1 Digit Multiplication
Multiply by 3

8 × 3	5 × 3	6 × 3	5 × 3	4 × 3	3 × 3	2 × 3
9 × 3	2 × 3	9 × 3	4 × 3	3 × 3	6 × 3	7 × 3
3 × 3	5 × 3	6 × 3	5 × 3	4 × 3	9 × 3	4 × 3
7 × 3	1 × 3	9 × 3	4 × 3	3 × 3	6 × 3	3 × 3
6 × 3	9 × 3	8 × 3	3 × 3	2 × 3	2 × 3	5 × 3
9 × 3	8 × 3	9 × 3	6 × 3	7 × 3	6 × 3	3 × 3
6 × 3	3 × 3	8 × 3	9 × 3	4 × 3	5 × 3	7 × 3
9 × 3	4 × 3	5 × 3	6 × 3	3 × 3	4 × 3	8 × 3

1 Digit by 1 Digit Multiplication
Multiply by 3

2 × 3	4 × 3	6 × 3	8 × 3	3 × 3	5 × 3	7 × 3
9 × 3	2 × 3	4 × 3	6 × 3	8 × 3	1 × 3	3 × 3
5 × 3	7 × 3	9 × 3	2 × 3	4 × 3	9 × 3	5 × 3
7 × 3	3 × 3	6 × 3	9 × 3	4 × 3	8 × 3	3 × 3
1 × 3	4 × 3	8 × 3	2 × 3	3 × 3	5 × 3	7 × 3
9 × 3	8 × 3	9 × 3	6 × 3	7 × 3	6 × 3	3 × 3
6 × 3	3 × 3	8 × 3	9 × 3	4 × 3	5 × 3	7 × 3
9 × 3	4 × 3	5 × 3	6 × 3	3 × 3	4 × 3	8 × 3

Know Your 3 Times Table

3 × ☐ = 3		3 × ☐ = 36		3 × ☐ = 36	
3 × ☐ = 6		3 × ☐ = 33		3 × ☐ = 12	
3 × ☐ = 9		3 × ☐ = 30		3 × ☐ = 30	
3 × ☐ = 12		3 × ☐ = 27		3 × ☐ = 18	
3 × ☐ = 15		3 × ☐ = 24		3 × ☐ = 24	
3 × ☐ = 18		3 × ☐ = 21		3 × ☐ = 21	
3 × ☐ = 21		3 × ☐ = 18		3 × ☐ = 3	
3 × ☐ = 24		3 × ☐ = 15		3 × ☐ = 27	
3 × ☐ = 27		3 × ☐ = 12		3 × ☐ = 9	
3 × ☐ = 30		3 × ☐ = 9		3 × ☐ = 6	
3 × ☐ = 33		3 × ☐ = 6		3 × ☐ = 15	
3 × ☐ = 36		3 × ☐ = 3		3 × ☐ = 33	

3	10	5	7	12	9	4	6	11
× 3	× 3	× 3	× 3	× 3	× 3	× 3	× 3	× 3

8	12	3	2	5	11	7	10	9
× 3	× 3	× 3	× 3	× 3	× 3	× 3	× 3	× 3

6	4	12	5	9	7	10	4	3
× 3	× 3	× 3	× 3	× 3	× 3	× 3	× 3	× 3

Know Your 3 Times Table

3 × ☐ = 3	3 × ☐ = 36	3 × ☐ = 36
3 × ☐ = 6	3 × ☐ = 33	3 × ☐ = 12
3 × ☐ = 9	3 × ☐ = 30	3 × ☐ = 30
3 × ☐ = 12	3 × ☐ = 27	3 × ☐ = 18
3 × ☐ = 15	3 × ☐ = 24	3 × ☐ = 24
3 × ☐ = 18	3 × ☐ = 21	3 × ☐ = 21
3 × ☐ = 21	3 × ☐ = 18	3 × ☐ = 3
3 × ☐ = 24	3 × ☐ = 15	3 × ☐ = 27
3 × ☐ = 27	3 × ☐ = 12	3 × ☐ = 9
3 × ☐ = 30	3 × ☐ = 9	3 × ☐ = 6
3 × ☐ = 33	3 × ☐ = 6	3 × ☐ = 15
3 × ☐ = 36	3 × ☐ = 3	3 × ☐ = 33

☐ × 3	☐ × 3	☐ × 3	☐ × 3	☐ × 3	☐ × 3	☐ × 3	☐ × 3	☐ × 3
9	30	15	21	36	27	12	18	33
☐ × 3	☐ × 3	☐ × 3	☐ × 3	☐ × 3	☐ × 3	☐ × 3	☐ × 3	☐ × 3
24	36	9	6	15	33	21	30	27
☐ × 3	☐ × 3	☐ × 3	☐ × 3	☐ × 3	☐ × 3	☐ × 3	☐ × 3	☐ × 3
18	12	36	15	27	21	30	12	9

Know Your 4 Times Table

4 × 1 = 4	4 × 12 = 48	4 × 12 = 48
4 × 2 = 8	4 × 11 = 44	4 × 4 = 16
4 × 3 = 12	4 × 10 = 40	4 × 10 = 40
4 × 4 = 16	4 × 9 = 36	4 × 6 = 24
4 × 5 = 20	4 × 8 = 32	4 × 8 = 32
4 × 6 = 24	4 × 7 = 28	4 × 7 = 28
4 × 7 = 28	4 × 6 = 24	4 × 1 = 4
4 × 8 = 32	4 × 5 = 20	4 × 9 = 36
4 × 9 = 36	4 × 4 = 16	4 × 3 = 12
4 × 10 = 40	4 × 3 = 12	4 × 2 = 8
4 × 11 = 44	4 × 2 = 8	4 × 5 = 20
4 × 12 = 48	4 × 1 = 4	4 × 11 = 44

3	10	5	7	12	9	4	6	11
× 4	× 4	× 4	× 4	× 4	× 4	× 4	× 4	× 4

8	12	3	2	5	11	7	10	9
× 4	× 4	× 4	× 4	× 4	× 4	× 4	× 4	× 4

6	4	12	5	9	7	10	4	3
× 4	× 4	× 4	× 4	× 4	× 4	× 4	× 4	× 4

Know Your 4 Times Table

4 × 1 =	4 × 12 =	4 × 12 =
4 × 2 =	4 × 11 =	4 × 4 =
4 × 3 =	4 × 10 =	4 × 10 =
4 × 4 =	4 × 9 =	4 × 6 =
4 × 5 =	4 × 8 =	4 × 8 =
4 × 6 =	4 × 7 =	4 × 7 =
4 × 7 =	4 × 6 =	4 × 1 =
4 × 8 =	4 × 5 =	4 × 9 =
4 × 9 =	4 × 4 =	4 × 3 =
4 × 10 =	4 × 3 =	4 × 2 =
4 × 11 =	4 × 2 =	4 × 5 =
4 × 12 =	4 × 1 =	4 × 11 =

$$\begin{array}{ccccccccc} 3 & 10 & 5 & 7 & 12 & 9 & 4 & 6 & 11 \\ \times\,4 & \times\,4 & \times\,4 & \times\,4 & \times\,4 & \times\,4 & \times\,4 & \times\,4 & \times\,4 \end{array}$$

$$\begin{array}{ccccccccc} 8 & 12 & 3 & 2 & 5 & 11 & 7 & 10 & 9 \\ \times\,4 & \times\,4 & \times\,4 & \times\,4 & \times\,4 & \times\,4 & \times\,4 & \times\,4 & \times\,4 \end{array}$$

$$\begin{array}{ccccccccc} 6 & 4 & 12 & 5 & 9 & 7 & 10 & 4 & 3 \\ \times\,4 & \times\,4 & \times\,4 & \times\,4 & \times\,4 & \times\,4 & \times\,4 & \times\,4 & \times\,4 \end{array}$$

Know Your 4 Times Table

4 × 1 =	4 × 12 =	4 × 12 =
4 × 2 =	4 × 11 =	4 × 4 =
4 × 3 =	4 × 10 =	4 × 10 =
4 × 4 =	4 × 9 =	4 × 6 =
4 × 5 =	4 × 8 =	4 × 8 =
4 × 6 =	4 × 7 =	4 × 7 =
4 × 7 =	4 × 6 =	4 × 1 =
4 × 8 =	4 × 5 =	4 × 9 =
4 × 9 =	4 × 4 =	4 × 3 =
4 × 10 =	4 × 3 =	4 × 2 =
4 × 11 =	4 × 2 =	4 × 5 =
4 × 12 =	4 × 1 =	4 × 11 =

3	10	5	7	12	9	4	6	11
× 4	× 4	× 4	× 4	× 4	× 4	× 4	× 4	× 4

8	12	3	2	5	11	7	10	9
× 4	× 4	× 4	× 4	× 4	× 4	× 4	× 4	× 4

6	4	12	5	9	7	10	4	3
× 4	× 4	× 4	× 4	× 4	× 4	× 4	× 4	× 4

Know Your 4 Times Table

1 × 4 =	12 × 4 =	12 × 4 =
2 × 4 =	11 × 4 =	4 × 4 =
3 × 4 =	10 × 4 =	10 × 4 =
4 × 4 =	9 × 4 =	6 × 4 =
5 × 4 =	8 × 4 =	8 × 4 =
6 × 4 =	7 × 4 =	7 × 4 =
7 × 4 =	6 × 4 =	1 × 4 =
8 × 4 =	5 × 4 =	9 × 4 =
9 × 4 =	4 × 4 =	3 × 4 =
10 × 4 =	3 × 4 =	2 × 4 =
11 × 4 =	2 × 4 =	5 × 4 =
12 × 4 =	1 × 4 =	11 × 4 =

3	10	5	7	12	9	4	6	11
× 4	× 4	× 4	× 4	× 4	× 4	× 4	× 4	× 4

8	12	3	2	5	11	7	10	9
× 4	× 4	× 4	× 4	× 4	× 4	× 4	× 4	× 4

6	4	12	5	9	7	10	4	3
× 4	× 4	× 4	× 4	× 4	× 4	× 4	× 4	× 4

1 Digit by 1 Digit Multiplication
Multiply by 4

$$\begin{array}{r} 3 \\ \times\ 4 \\ \hline \end{array} \qquad \begin{array}{r} 2 \\ \times\ 4 \\ \hline \end{array} \qquad \begin{array}{r} 6 \\ \times\ 4 \\ \hline \end{array} \qquad \begin{array}{r} 5 \\ \times\ 4 \\ \hline \end{array} \qquad \begin{array}{r} 4 \\ \times\ 4 \\ \hline \end{array} \qquad \begin{array}{r} 8 \\ \times\ 4 \\ \hline \end{array} \qquad \begin{array}{r} 5 \\ \times\ 4 \\ \hline \end{array}$$

$$\begin{array}{r} 6 \\ \times\ 4 \\ \hline \end{array} \qquad \begin{array}{r} 7 \\ \times\ 4 \\ \hline \end{array} \qquad \begin{array}{r} 9 \\ \times\ 4 \\ \hline \end{array} \qquad \begin{array}{r} 4 \\ \times\ 4 \\ \hline \end{array} \qquad \begin{array}{r} 3 \\ \times\ 4 \\ \hline \end{array} \qquad \begin{array}{r} 9 \\ \times\ 4 \\ \hline \end{array} \qquad \begin{array}{r} 2 \\ \times\ 4 \\ \hline \end{array}$$

$$\begin{array}{r} 9 \\ \times\ 4 \\ \hline \end{array} \qquad \begin{array}{r} 4 \\ \times\ 4 \\ \hline \end{array} \qquad \begin{array}{r} 6 \\ \times\ 4 \\ \hline \end{array} \qquad \begin{array}{r} 5 \\ \times\ 4 \\ \hline \end{array} \qquad \begin{array}{r} 4 \\ \times\ 4 \\ \hline \end{array} \qquad \begin{array}{r} 3 \\ \times\ 4 \\ \hline \end{array} \qquad \begin{array}{r} 5 \\ \times\ 4 \\ \hline \end{array}$$

$$\begin{array}{r} 6 \\ \times\ 4 \\ \hline \end{array} \qquad \begin{array}{r} 3 \\ \times\ 4 \\ \hline \end{array} \qquad \begin{array}{r} 9 \\ \times\ 4 \\ \hline \end{array} \qquad \begin{array}{r} 4 \\ \times\ 4 \\ \hline \end{array} \qquad \begin{array}{r} 3 \\ \times\ 4 \\ \hline \end{array} \qquad \begin{array}{r} 7 \\ \times\ 4 \\ \hline \end{array} \qquad \begin{array}{r} 1 \\ \times\ 4 \\ \hline \end{array}$$

$$\begin{array}{r} 2 \\ \times\ 4 \\ \hline \end{array} \qquad \begin{array}{r} 5 \\ \times\ 4 \\ \hline \end{array} \qquad \begin{array}{r} 8 \\ \times\ 4 \\ \hline \end{array} \qquad \begin{array}{r} 3 \\ \times\ 4 \\ \hline \end{array} \qquad \begin{array}{r} 2 \\ \times\ 4 \\ \hline \end{array} \qquad \begin{array}{r} 6 \\ \times\ 4 \\ \hline \end{array} \qquad \begin{array}{r} 9 \\ \times\ 4 \\ \hline \end{array}$$

$$\begin{array}{r} 6 \\ \times\ 4 \\ \hline \end{array} \qquad \begin{array}{r} 3 \\ \times\ 4 \\ \hline \end{array} \qquad \begin{array}{r} 9 \\ \times\ 4 \\ \hline \end{array} \qquad \begin{array}{r} 6 \\ \times\ 4 \\ \hline \end{array} \qquad \begin{array}{r} 7 \\ \times\ 4 \\ \hline \end{array} \qquad \begin{array}{r} 9 \\ \times\ 4 \\ \hline \end{array} \qquad \begin{array}{r} 8 \\ \times\ 4 \\ \hline \end{array}$$

$$\begin{array}{r} 5 \\ \times\ 4 \\ \hline \end{array} \qquad \begin{array}{r} 7 \\ \times\ 4 \\ \hline \end{array} \qquad \begin{array}{r} 8 \\ \times\ 4 \\ \hline \end{array} \qquad \begin{array}{r} 9 \\ \times\ 4 \\ \hline \end{array} \qquad \begin{array}{r} 4 \\ \times\ 4 \\ \hline \end{array} \qquad \begin{array}{r} 6 \\ \times\ 4 \\ \hline \end{array} \qquad \begin{array}{r} 3 \\ \times\ 4 \\ \hline \end{array}$$

$$\begin{array}{r} 4 \\ \times\ 4 \\ \hline \end{array} \qquad \begin{array}{r} 8 \\ \times\ 4 \\ \hline \end{array} \qquad \begin{array}{r} 5 \\ \times\ 4 \\ \hline \end{array} \qquad \begin{array}{r} 6 \\ \times\ 4 \\ \hline \end{array} \qquad \begin{array}{r} 3 \\ \times\ 4 \\ \hline \end{array} \qquad \begin{array}{r} 9 \\ \times\ 4 \\ \hline \end{array} \qquad \begin{array}{r} 4 \\ \times\ 4 \\ \hline \end{array}$$

1 Digit by 1 Digit Multiplication
Multiply by 4

| 4 | 8 | 5 | 6 | 3 | 9 | 4 |
| × 4 | × 4 | × 4 | × 4 | × 4 | × 4 | × 4 |

| 5 | 7 | 8 | 9 | 4 | 6 | 3 |
| × 4 | × 4 | × 4 | × 4 | × 4 | × 4 | × 4 |

| 6 | 3 | 9 | 6 | 7 | 9 | 8 |
| × 4 | × 4 | × 4 | × 4 | × 4 | × 4 | × 4 |

| 2 | 5 | 8 | 3 | 2 | 6 | 9 |
| × 4 | × 4 | × 4 | × 4 | × 4 | × 4 | × 4 |

| 6 | 3 | 9 | 4 | 3 | 7 | 1 |
| × 4 | × 4 | × 4 | × 4 | × 4 | × 4 | × 4 |

| 9 | 4 | 6 | 5 | 4 | 3 | 5 |
| × 4 | × 4 | × 4 | × 4 | × 4 | × 4 | × 4 |

| 6 | 7 | 9 | 4 | 3 | 9 | 2 |
| × 4 | × 4 | × 4 | × 4 | × 4 | × 4 | × 4 |

| 3 | 2 | 6 | 5 | 4 | 8 | 5 |
| × 4 | × 4 | × 4 | × 4 | × 4 | × 4 | × 4 |

1 Digit by 1 Digit Multiplication
Multiply by 4

8 × 4	5 × 4	6 × 4	5 × 4	4 × 4	3 × 4	2 × 4
9 × 4	2 × 4	9 × 4	4 × 4	3 × 4	6 × 4	7 × 4
3 × 4	5 × 4	6 × 4	5 × 4	4 × 4	9 × 4	4 × 4
7 × 4	1 × 4	9 × 4	4 × 4	3 × 4	6 × 4	3 × 4
6 × 4	9 × 4	8 × 4	3 × 4	2 × 4	2 × 4	5 × 4
9 × 4	8 × 4	9 × 4	6 × 4	7 × 4	6 × 4	3 × 4
6 × 4	3 × 4	8 × 4	9 × 4	4 × 4	5 × 4	7 × 4
9 × 4	4 × 4	5 × 4	6 × 4	3 × 4	4 × 4	8 × 4

1 Digit by 1 Digit Multiplication
Multiply by 4

2 × 4	4 × 4	6 × 4	8 × 4	3 × 4	5 × 4	7 × 4
9 × 4	2 × 4	4 × 4	6 × 4	8 × 4	1 × 4	3 × 4
5 × 4	7 × 4	9 × 4	2 × 4	4 × 4	9 × 4	5 × 4
7 × 4	3 × 4	6 × 4	9 × 4	4 × 4	8 × 4	3 × 4
1 × 4	4 × 4	8 × 4	2 × 4	3 × 4	5 × 4	7 × 4
9 × 4	8 × 4	9 × 4	6 × 4	7 × 4	6 × 4	3 × 4
6 × 4	3 × 4	8 × 4	9 × 4	4 × 4	5 × 4	7 × 4
9 × 4	4 × 4	5 × 4	6 × 4	3 × 4	4 × 4	8 × 4

Know Your 4 Times Table

4 × ☐ = 4   4 × ☐ = 48   4 × ☐ = 48

4 × ☐ = 8   4 × ☐ = 44   4 × ☐ = 16

4 × ☐ = 12   4 × ☐ = 40   4 × ☐ = 40

4 × ☐ = 16   4 × ☐ = 36   4 × ☐ = 24

4 × ☐ = 20   4 × ☐ = 32   4 × ☐ = 32

4 × ☐ = 24   4 × ☐ = 28   4 × ☐ = 28

4 × ☐ = 28   4 × ☐ = 24   4 × ☐ = 4

4 × ☐ = 32   4 × ☐ = 20   4 × ☐ = 36

4 × ☐ = 36   4 × ☐ = 16   4 × ☐ = 12

4 × ☐ = 40   4 × ☐ = 12   4 × ☐ = 8

4 × ☐ = 44   4 × ☐ = 8   4 × ☐ = 20

4 × ☐ = 48   4 × ☐ = 4   4 × ☐ = 44

☐	☐	☐	☐	☐	☐	☐	☐	☐
× 4	× 4	× 4	× 4	× 4	× 4	× 4	× 4	× 4
12	40	20	28	48	36	16	24	44

☐	☐	☐	☐	☐	☐	☐	☐	☐
× 4	× 4	× 4	× 4	× 4	× 4	× 4	× 4	× 4
32	48	12	8	20	44	28	40	36

☐	☐	☐	☐	☐	☐	☐	☐	☐
× 4	× 4	× 4	× 4	× 4	× 4	× 4	× 4	× 4
24	16	48	20	36	28	40	16	12

Know Your 4 Times Table

4 × ☐ = 4	4 × ☐ = 48	4 × ☐ = 48
4 × ☐ = 8	4 × ☐ = 44	4 × ☐ = 16
4 × ☐ = 12	4 × ☐ = 40	4 × ☐ = 40
4 × ☐ = 16	4 × ☐ = 36	4 × ☐ = 24
4 × ☐ = 20	4 × ☐ = 32	4 × ☐ = 32
4 × ☐ = 24	4 × ☐ = 28	4 × ☐ = 28
4 × ☐ = 28	4 × ☐ = 24	4 × ☐ = 4
4 × ☐ = 32	4 × ☐ = 20	4 × ☐ = 36
4 × ☐ = 36	4 × ☐ = 16	4 × ☐ = 12
4 × ☐ = 40	4 × ☐ = 12	4 × ☐ = 8
4 × ☐ = 44	4 × ☐ = 8	4 × ☐ = 20
4 × ☐ = 48	4 × ☐ = 4	4 × ☐ = 44

3 × 4	10 × 4	5 × 4	7 × 4	12 × 4	9 × 4	4 × 4	6 × 4	11 × 4

8 × 4	12 × 4	3 × 4	2 × 4	5 × 4	11 × 4	7 × 4	10 × 4	9 × 4

6 × 4 = 24	4 × 4 = 16	12 × 4 = 48	5 × 4 = 20	9 × 4 = 36	7 × 4 = 28	10 × 4 = 40	4 × 4 = 16	3 × 4 = 12

Multiply Three Digits

$4 \times 3 \times 1 =$

$2 \times 1 \times 7 =$

$2 \times 2 \times 6 =$

$2 \times 2 \times 6 =$

$2 \times 2 \times 8 =$

$2 \times 2 \times 4 =$

$2 \times 2 \times 7 =$

$3 \times 4 \times 1 =$

$3 \times 4 \times 1 =$

$2 \times 2 \times 3 =$

$2 \times 3 \times 2 =$

$2 \times 2 \times 4 =$

$1 \times 3 \times 6 =$

$2 \times 5 \times 2 =$

$4 \times 7 \times 1 =$

$3 \times 1 \times 9 =$

$1 \times 4 \times 7 =$

$2 \times 5 \times 3 =$

$2 \times 2 \times 7 =$

$3 \times 4 \times 1 =$

$3 \times 4 \times 1 =$

$1 \times 3 \times 8 =$

$1 \times 3 \times 4 =$

$2 \times 2 \times 4 =$

$3 \times 2 \times 3 =$

$2 \times 2 \times 9 =$

$4 \times 7 \times 1 =$

$3 \times 3 \times 1 =$

$2 \times 5 \times 1 =$

$4 \times 7 \times 1 =$

$3 \times 2 \times 3 =$

$4 \times 3 \times 1 =$

$3 \times 4 \times 1 =$

$2 \times 2 \times 6 =$

$2 \times 2 \times 8 =$

$2 \times 2 \times 4 =$

$3 \times 2 \times 3 =$

$2 \times 1 \times 9 =$

$2 \times 5 \times 1 =$

$3 \times 2 \times 1 =$

$3 \times 4 \times 1 =$

$3 \times 4 \times 1 =$

$4 \times 2 \times 2 =$

$2 \times 3 \times 3 =$

$3 \times 7 \times 1 =$

Multiply Three Digits

$3 \times 2 \times 1 =$ $3 \times 4 \times 1 =$ $3 \times 4 \times 1 =$

$2 \times 2 \times 3 =$ $2 \times 3 \times 2 =$ $2 \times 2 \times 4 =$

$3 \times 3 \times 1 =$ $2 \times 5 \times 1 =$ $4 \times 7 \times 1 =$

$3 \times 2 \times 3 =$ $2 \times 1 \times 9 =$ $2 \times 5 \times 1 =$

$2 \times 2 \times 7 =$ $3 \times 4 \times 1 =$ $3 \times 4 \times 1 =$

$1 \times 3 \times 8 =$ $1 \times 3 \times 4 =$ $2 \times 2 \times 4 =$

$1 \times 3 \times 6 =$ $2 \times 5 \times 2 =$ $4 \times 7 \times 1 =$

$3 \times 1 \times 9 =$ $1 \times 4 \times 7 =$ $2 \times 5 \times 3 =$

$3 \times 2 \times 3 =$ $4 \times 3 \times 1 =$ $3 \times 4 \times 1 =$

$2 \times 2 \times 6 =$ $2 \times 2 \times 8 =$ $2 \times 2 \times 4 =$

$3 \times 2 \times 3 =$ $2 \times 2 \times 9 =$ $4 \times 7 \times 1 =$

$4 \times 3 \times 1 =$ $2 \times 1 \times 7 =$ $2 \times 2 \times 6 =$

$2 \times 2 \times 6 =$ $2 \times 2 \times 8 =$ $2 \times 2 \times 4 =$

$2 \times 2 \times 7 =$ $3 \times 4 \times 1 =$ $3 \times 4 \times 1 =$

$2 \times 2 \times 3 =$ $2 \times 3 \times 2 =$ $2 \times 2 \times 4 =$

Multiply Three Digits

$4 \times 2 \times 2 =$

$5 \times 2 \times 3 =$

$6 \times 3 \times 1 =$

$3 \times 4 \times 2 =$

$3 \times 3 \times 4 =$

$9 \times 1 \times 3 =$

$3 \times 2 \times 4 =$

$3 \times 2 \times 5 =$

$7 \times 2 \times 1 =$

$4 \times 2 \times 5 =$

$6 \times 4 \times 1 =$

$4 \times 3 \times 1 =$

$2 \times 2 \times 6 =$

$2 \times 2 \times 7 =$

$2 \times 2 \times 3 =$

$3 \times 4 \times 3 =$

$4 \times 3 \times 4 =$

$5 \times 2 \times 4 =$

$2 \times 6 \times 4 =$

$2 \times 4 \times 2 =$

$8 \times 1 \times 5 =$

$1 \times 8 \times 6 =$

$7 \times 5 \times 1 =$

$4 \times 3 \times 5 =$

$3 \times 6 \times 1 =$

$3 \times 2 \times 4 =$

$2 \times 1 \times 7 =$

$2 \times 2 \times 8 =$

$3 \times 4 \times 1 =$

$2 \times 3 \times 2 =$

$3 \times 2 \times 3 =$

$2 \times 3 \times 4 =$

$2 \times 3 \times 6 =$

$3 \times 9 \times 1 =$

$8 \times 4 \times 1 =$

$6 \times 7 \times 1 =$

$1 \times 7 \times 5 =$

$2 \times 5 \times 5 =$

$3 \times 9 \times 1 =$

$9 \times 4 \times 1 =$

$4 \times 7 \times 1 =$

$8 \times 4 \times 1 =$

$3 \times 3 \times 3 =$

$3 \times 4 \times 1 =$

$2 \times 2 \times 6 =$

Multiply Three Digits

$2 \times 2 \times 5 =$

$5 \times 1 \times 5 =$

$2 \times 4 \times 2 =$

$2 \times 2 \times 5 =$

$2 \times 3 \times 4 =$

$3 \times 1 \times 7 =$

$2 \times 4 \times 2 =$

$3 \times 2 \times 5 =$

$2 \times 4 \times 4 =$

$2 \times 2 \times 7 =$

$3 \times 5 \times 1 =$

$1 \times 3 \times 9 =$

$2 \times 2 \times 7 =$

$1 \times 4 \times 9 =$

$2 \times 2 \times 7 =$

$3 \times 2 \times 2 =$

$3 \times 5 \times 1 =$

$2 \times 2 \times 4 =$

$2 \times 3 \times 3 =$

$3 \times 2 \times 5 =$

$1 \times 3 \times 8 =$

$2 \times 3 \times 4 =$

$1 \times 5 \times 3 =$

$4 \times 5 \times 1 =$

$2 \times 2 \times 8 =$

$3 \times 7 \times 1 =$

$2 \times 1 \times 9 =$

$4 \times 1 \times 8 =$

$3 \times 6 \times 1 =$

$1 \times 3 \times 8 =$

$4 \times 4 \times 1 =$

$2 \times 2 \times 3 =$

$4 \times 1 \times 5 =$

$2 \times 5 \times 2 =$

$2 \times 6 \times 3 =$

$2 \times 3 \times 6 =$

$4 \times 1 \times 6 =$

$2 \times 5 \times 4 =$

$3 \times 6 \times 1 =$

$2 \times 9 \times 1 =$

$4 \times 1 \times 8 =$

$2 \times 2 \times 7 =$

$2 \times 2 \times 6 =$

$4 \times 8 \times 1 =$

$2 \times 2 \times 9 =$

Multiply Three Digits

$4 \times 2 \times 4 =$	$3 \times 6 \times 1 =$	$3 \times 3 \times 4 =$
$5 \times 2 \times 7 =$	$4 \times 8 \times 1 =$	$2 \times 3 \times 7 =$
$6 \times 4 \times 1 =$	$1 \times 9 \times 5 =$	$2 \times 3 \times 4 =$
$3 \times 4 \times 3 =$	$2 \times 6 \times 3 =$	$8 \times 1 \times 3 =$
$3 \times 3 \times 5 =$	$2 \times 4 \times 3 =$	$7 \times 5 \times 1 =$
$9 \times 1 \times 7 =$	$8 \times 1 \times 4 =$	$6 \times 1 \times 9 =$
$3 \times 3 \times 3 =$	$1 \times 8 \times 7 =$	$1 \times 4 \times 9 =$
$3 \times 2 \times 8 =$	$7 \times 7 \times 1 =$	$5 \times 7 \times 1 =$
$7 \times 3 \times 1 =$	$4 \times 3 \times 2 =$	$3 \times 9 \times 1 =$
$4 \times 2 \times 6 =$	$3 \times 6 \times 3 =$	$1 \times 4 \times 9 =$
$6 \times 5 \times 1 =$	$3 \times 2 \times 4 =$	$4 \times 7 \times 1 =$
$4 \times 5 \times 1 =$	$2 \times 2 \times 7 =$	$8 \times 4 \times 1 =$
$2 \times 2 \times 8 =$	$2 \times 6 \times 8 =$	$3 \times 3 \times 2 =$
$2 \times 3 \times 7 =$	$3 \times 3 \times 2 =$	$3 \times 4 \times 4 =$
$3 \times 6 \times 1 =$	$4 \times 3 \times 3 =$	$2 \times 3 \times 6 =$

Find the Second Factor

3 × ___ = 6	3 × ___ = 9	3 × ___ = 12
2 × ___ = 10	3 × ___ = 12	2 × ___ = 18
3 × ___ = 15	2 × ___ = 14	4 × ___ = 16
3 × ___ = 27	5 × ___ = 15	2 × ___ = 4
4 × ___ = 20	3 × ___ = 21	3 × ___ = 27
2 × ___ = 6	2 × ___ = 12	3 × ___ = 15
3 × ___ = 18	4 × ___ = 24	2 × ___ = 18
3 × ___ = 27	2 × ___ = 14	4 × ___ = 16
3 × ___ = 30	5 × ___ = 25	2 × ___ = 16
4 × ___ = 20	3 × ___ = 21	3 × ___ = 27
4 × ___ = 36	3 × ___ = 33	4 × ___ = 40
2 × ___ = 14	2 × ___ = 20	3 × ___ = 24

Find the Second Factor

4 × ___ = 20   5 × ___ = 10   4 × ___ = 36

3 × ___ = 27   4 × ___ = 28   5 × ___ = 15

5 × ___ = 20   3 × ___ = 24   4 × ___ = 8

4 × ___ = 36   5 × ___ = 35   3 × ___ = 24

4 × ___ = 24   4 × ___ = 28   3 × ___ = 30

5 × ___ = 30   5 × ___ = 40   4 × ___ = 24

3 × ___ = 15   4 × ___ = 32   5 × ___ = 25

5 × ___ = 45   3 × ___ = 24   2 × ___ = 24

4 × ___ = 24   5 × ___ = 20   3 × ___ = 27

3 × ___ = 24   4 × ___ = 16   4 × ___ = 32

5 × ___ = 35   3 × ___ = 27   3 × ___ = 24

4 × ___ = 28   4 × ___ = 32   4 × ___ = 36

Find the Second Factor

3 × ___ = 12   3 × ___ = 18   3 × ___ = 6

2 × ___ = 18   4 × ___ = 12   3 × ___ = 21

2 × ___ = 14   3 × ___ = 24   4 × ___ = 20

4 × ___ = 8   5 × ___ = 25   3 × ___ = 27

4 × ___ = 24   4 × ___ = 28   3 × ___ = 30

3 × ___ = 9   2 × ___ = 12   3 × ___ = 15

4 × ___ = 16   4 × ___ = 28   5 × ___ = 30

4 × ___ = 36   2 × ___ = 24   3 × ___ = 21

3 × ___ = 18   5 × ___ = 45   4 × ___ = 16

3 × ___ = 27   3 × ___ = 21   2 × ___ = 18

4 × ___ = 32   2 × ___ = 22   3 × ___ = 24

3 × ___ = 27   2 × ___ = 22   4 × ___ = 24

Find the Second Factor

3 × ___ = 6   3 × ___ = 9   3 × ___ = 12

2 × ___ = 10   3 × ___ = 12   2 × ___ = 18

3 × ___ = 15   2 × ___ = 14   4 × ___ = 16

3 × ___ = 27   5 × ___ = 15   2 × ___ = 4

4 × ___ = 20   3 × ___ = 21   3 × ___ = 27

2 × ___ = 6   2 × ___ = 12   3 × ___ = 15

3 × ___ = 18   4 × ___ = 24   2 × ___ = 18

3 × ___ = 27   2 × ___ = 14   4 × ___ = 16

3 × ___ = 30   5 × ___ = 25   2 × ___ = 16

4 × ___ = 20   3 × ___ = 21   3 × ___ = 27

4 × ___ = 36   3 × ___ = 33   4 × ___ = 40

2 × ___ = 14   2 × ___ = 20   3 × ___ = 24

Two Digits Plus One Digit

10 + 1	15 + 4	11 + 1	10 + 1	15 + 4	11 + 1
12 + 2	12 + 3	18 + 1	11 + 4	12 + 1	10 + 5
13 + 2	15 + 4	17 + 2	10 + 8	12 + 7	13 + 4
14 + 1	16 + 2	15 + 3	14 + 2	18 + 1	12 + 3
15 + 5	16 + 3	14 + 4	10 + 6	11 + 4	10 + 6
16 + 3	11 + 7	15 + 3	15 + 1	10 + 8	12 + 7
14 + 3	16 + 3	17 + 2	13 + 3	13 + 2	10 + 8

Two Digits Plus One Digit

13 + 3	18 + 1	12 + 5	11 + 2	16 + 3	12 + 2
15 + 2	13 + 5	17 + 2	17 + 1	18 + 1	12 + 5
12 + 7	13 + 1	16 + 2	10 + 3	10 + 9	16 + 3
15 + 4	12 + 6	16 + 2	16 + 3	13 + 2	15 + 3
10 + 5	13 + 3	17 + 2	10 + 6	10 + 8	10 + 9
18 + 1	13 + 6	13 + 5	16 + 1	14 + 5	15 + 4
17 + 2	15 + 3	17 + 5	14 + 3	15 + 4	10 + 6

Two Digits Plus One Digit

$$20 + 3 \qquad 15 + 1 \qquad 19 + 1 \qquad 18 + 2 \qquad 16 + 4 \qquad 14 + 6$$

$$15 + 5 \qquad 17 + 3 \qquad 21 + 2 \qquad 25 + 5 \qquad 19 + 1 \qquad 17 + 3$$

$$18 + 2 \qquad 20 + 5 \qquad 16 + 4 \qquad 15 + 3 \qquad 16 + 2 \qquad 18 + 3$$

$$17 + 3 \qquad 16 + 4 \qquad 13 + 7 \qquad 16 + 4 \qquad 18 + 4 \qquad 15 + 5$$

$$12 + 8 \qquad 15 + 6 \qquad 14 + 8 \qquad 13 + 6 \qquad 14 + 8 \qquad 19 + 1$$

$$19 + 2 \qquad 17 + 4 \qquad 17 + 3 \qquad 16 + 4 \qquad 15 + 5 \qquad 15 + 6$$

$$19 + 3 \qquad 19 + 3 \qquad 13 + 5 \qquad 12 + 8 \qquad 12 + 6 \qquad 12 + 2$$

Understand the Difference

$3^2 =$ _____

$2^3 =$ _____

$3^3 =$ _____

$4^2 =$ _____

$5^2 =$ _____

$4^3 =$ _____

$3^2 =$ _____

$2^3 =$ _____

$3^3 =$ _____

$4^2 =$ _____

$4^2 =$ _____

$2^3 =$ _____

$3 \times 2 =$ _____

$2 \times 3 =$ _____

$3 \times 3 =$ _____

$4 \times 2 =$ _____

$5 \times 2 =$ _____

$4 \times 3 =$ _____

$3 \times 2 =$ _____

$2 \times 3 =$ _____

$3 \times 3 =$ _____

$4 \times 2 =$ _____

$4 \times 2 =$ _____

$2 \times 3 =$ _____

Find the missing numbers
Fill in the empty circles

1 + 2 + ◯ = 7

1 + ◯ + 2 = 9

◯ + 1 + 2 = 5

2 + 3 + ◯ = 5

1 + ◯ + 2 = 6

3 + 1 + ◯ = 7

3 + ◯ + 2 = 9

1 + 2 + ◯ = 6

◯ + 1 + 2 = 3

Find the missing numbers
Fill in the empty circles

( ) + (2) + (7) = (9)

(3) + ( ) + (4) = (19)

(4) + (5) + ( ) = (10)

(5) + (1) + ( ) = (8)

( ) + (1) + (4) = (6)

(2) + ( ) + (3) = (7)

(2) + (4) + ( ) = (6)

(3) + ( ) + (3) = (9)

(3) + (4) + ( ) = (7)

Find the missing numbers
Fill in the empty circles

$2 + 3 + \bigcirc = 7$

$3 + \bigcirc + 3 = 7$

$\bigcirc + 1 + 2 = 4$

$3 + 3 + \bigcirc = 6$

$4 + \bigcirc + 1 = 6$

$3 + 1 + \bigcirc = 7$

$1 + \bigcirc + 3 = 6$

$2 + 1 + \bigcirc = 3$

$\bigcirc + 2 + 3 = 6$

Find the missing numbers
Fill in the empty circles

$4 + 4 + \bigcirc = 8$

$3 + \bigcirc + 3 = 6$

$\bigcirc + 2 + 2 = 5$

$4 + 5 + \bigcirc = 9$

$6 + \bigcirc + 2 = 9$

$1 + 3 + \bigcirc = 7$

$2 + \bigcirc + 2 = 8$

$3 + 0 + \bigcirc = 7$

$\bigcirc + 0 + 7 = 9$

Find the missing numbers
Fill in the empty circles

(4) + (3) + (   ) = (9)

(3) + (   ) + (3) = (8)

(   ) + (1) + (2) = (5)

(3) + (3) + (   ) = (7)

(4) + (   ) + (1) = (5)

(3) + (4) + (   ) = (7)

(1) + (   ) + (3) = (6)

(2) + (1) + (   ) = (7)

(   ) + (2) + (3) = (9)

Find the missing numbers
Fill in the empty circles

$3 + 2 + \bigcirc = 9$

$1 + \bigcirc + 2 = 6$

$\bigcirc + 3 + 2 = 8$

$7 + 1 + \bigcirc = 9$

$3 + \bigcirc + 4 = 7$

$4 + 3 + \bigcirc = 9$

$3 + \bigcirc + 2 = 6$

$2 + 1 + \bigcirc = 4$

$\bigcirc + 3 + 2 = 6$

Find the missing numbers
Fill in the empty circles

3 + 2 + 9 = ◯

1 + 6 + 2 = ◯

8 + 3 + 2 = ◯

7 + 1 + 9 = ◯

3 + 7 + 4 = ◯

4 + 3 + 9 = ◯

3 + 6 + 2 = ◯

2 + 1 + 4 = ◯

6 + 3 + 2 = ◯

Find the missing numbers
Fill in the empty circles

$(4) + (1) + (3) = (\quad)$

$(2) + (5) + (2) = (\quad)$

$(3) + (1) + (4) = (\quad)$

$(1) + (2) + (3) = (\quad)$

$(3) + (5) + (1) = (\quad)$

$(2) + (1) + (1) = (\quad)$

$(2) + (4) + (6) = (\quad)$

$(4) + (1) + (3) = (\quad)$

$(3) + (1) + (4) = (\quad)$

Counting and Addition

3 + ___ = 8

3 + ___ = 7

1 + ___ = 5

1 + ___ = 7

3 + ___ = 8

2 + ___ = 5

1 + ___ = 9

2 + ___ = 5

3 + ___ = 6

5 + ___ = 10

2 + ___ = 8

3 + ___ = 6

2 + ___ = 7

3 + ___ = 5

4 + ___ = 9

5 + ___ = 9

1 + ___ = 7

4 + ___ = 9

2 + ___ = 8

2 + ___ = 3

Counting and Addition

5 + ___ = 9   2 + ___ = 8

6 + ___ = 7   6 + ___ = 6

6 + ___ = 8   5 + ___ = 8

4 + ___ = 9   4 + ___ = 6

6 + ___ = 7   4 + ___ = 9

4 + ___ = 5   7 + ___ = 9

3 + ___ = 9   8 + ___ = 10

5 + ___ = 8   4 + ___ = 9

3 + ___ = 9   2 + ___ = 8

7 + ___ = 10   3 + ___ = 7

Counting and Addition

5 + ___ = 11

7 + ___ = 12

6 + ___ = 10

6 + ___ = 8

5 + ___ = 11

1 + ___ = 10

3 + ___ = 9

5 + ___ = 8

3 + ___ = 9

7 + ___ = 10

9 + ___ = 10

9 + ___ = 12

6 + ___ = 9

4 + ___ = 6

7 + ___ = 10

7 + ___ = 9

8 + ___ = 10

6 + ___ = 9

5 + ___ = 9

9 + ___ = 10

Counting and Addition

$6 + \underline{\quad} = 11$ $\qquad$ $5 + \underline{\quad} = 10$

$7 + \underline{\quad} = 15$ $\qquad$ $4 + \underline{\quad} = 12$

$5 + \underline{\quad} = 12$ $\qquad$ $8 + \underline{\quad} = 12$

$6 + \underline{\quad} = 10$ $\qquad$ $7 + \underline{\quad} = 10$

$8 + \underline{\quad} = 11$ $\qquad$ $7 + \underline{\quad} = 9$

$9 + \underline{\quad} = 13$ $\qquad$ $8 + \underline{\quad} = 10$

$3 + \underline{\quad} = 12$ $\qquad$ $8 + \underline{\quad} = 11$

$8 + \underline{\quad} = 10$ $\qquad$ $9 + \underline{\quad} = 10$

$3 + \underline{\quad} = 10$ $\qquad$ $7 + \underline{\quad} = 12$

$7 + \underline{\quad} = 10$ $\qquad$ $9 + \underline{\quad} = 10$

Column Additions

4	3	3	2	2	5	3
1	2	1	2	3	2	2
2	4	5	6	7	3	4
+ 2	+ 1	+ 1	+ 2	+ 1	+ 3	+ 1

5	4	5	3	5	7	5
1	2	3	2	3	2	2
2	3	1	7	1	3	4
+ 3	+ 2	+ 4	+ 3	+ 5	+ 1	+ 2

6	5	7	5	4	6	4
3	2	3	2	3	2	2
2	3	3	5	2	4	4
+ 2	+ 1	+ 4	+ 3	+ 5	+ 1	+ 3

6	9	9	7	8	4	6
3	2	1	2	3	5	3
2	2	2	4	2	3	4
+ 2	+ 3	+ 4	+ 1	+ 2	+ 3	+ 1

Column Additions

5	7	4	6	7	6	9
1	3	1	3	3	2	3
1	4	5	1	2	3	1
+ 2	+ 1	+ 0	+ 2	+ 1	+ 3	+ 1

5	1	6	9	4	7	4
5	5	4	2	3	3	4
5	5	1	1	3	4	4
+ 3	+ 2	+ 2	+ 0	+ 3	+ 1	+ 2

7	8	4	4	9	9	6
3	2	3	4	1	3	4
5	5	3	4	2	0	3
+ 2	+ 1	+ 5	+ 4	+ 5	+ 1	+ 3

5	6	9	7	9	5	7
3	4	3	4	3	5	4
3	2	2	1	3	3	1
+ 2	+ 3	+ 1	+ 0	+ 4	+ 2	+ 4

Mixed Skills

Product of 2 and 3 =	Product of 3 and 5 =
Sum of 3 and 4 =	Sum of 7and 3 =
Difference of 5 and 4 =	Difference of 6 and 1 =
Multiply 4 by 3 =	Multiply 2 by 9 =
Add 5 and 2 =	Add 4 and 5 =
Subtract 4 from 6 =	Subtract 2 from 8 =
Product of 3 and 5 =	Product of 4 and 6 =
Sum of 4 and 2 =	Sum of 6 and 3 =
Difference of 7 and 3 =	Difference of 8 and 5 =
Multiply 2 by 5 =	Multiply 3 by 7 =
Add 5 and 2 =	Add 9 and 3 =
Subtract 4 from 6 =	Subtract 5 from 8 =
Product of 3 and 6 =	Product of 4 and 7 =
Sum of 6 and 5 =	Sum of 7 and 4 =
Difference of 5 and 2 =	Difference of 9 and 8 =
Multiply 3 by 7 =	Multiply 4 by 8 =
Sum of 6 and 4 =	Sum of 8 and 4 =
Subtract 4 from 6 =	Subtract 2 from 9 =

Mixed Skills

Multiply 4 and 5 =		Product of 3 and 9 =	
Sum of 5 and 5 =		Sum of 9 and 4 =	
Difference of 9 and 6 =		Difference of 5 and 4 =	
Multiply 3 by 2 =		Multiply 2 by 6 =	
Add 6 and 4 =		Add 3 and 7 =	
Subtract 6 from 8 =		Subtract 4 from 8 =	
Product of 3 and 9 =		Product of 3 and 7 =	
Sum of 7 and 4 =		Sum of 7 and 5 =	
Difference of 9 and 8 =		Difference of 9 and 3 =	
Multiply 2 by 7 =		Multiply 3 by 9 =	
Add 7 and 5 =		Add 8 and 1 =	
Subtract 2 from 8 =		Subtract 3 from 7 =	
Product of 4 and 9 =		Product of 4 and 9 =	
Sum of 7 and 4 =		Sum of 8 and 6 =	
Difference of 4 and 1 =		Difference of 7 and 5 =	
Multiply 4 by 8 =		Multiply 3 by 8 =	
Sum of 5 and 5 =		Sum of 5 and 6 =	
Subtract 3 from 7 =		Subtract 5 from 7 =	

www.fordandlord.com